COURS D'AMÉNAGEMENT

PROFESSÉ

A L'ÉCOLE NATIONALE FORESTIÈRE

PAR

E. REUSS

Inspecteur adjoint des Forêts, répétiteur à ladite école.

DEUXIÈME CAHIER

COMPRENANT LA DEUXIÈME PARTIE DU COURS ET UNE ADDITION A LA PREMIÈRE PARTIE

NANCY

IMPRIMERIE NANCÉIENNE, 1, RUE DE LA PÉPINIÈRE

1888

COURS D'AMÉNAGEMENT

PROFESSÉ

A L'ÉCOLE NATIONALE FORESTIÈRE

PAR

E. REUSS

Inspecteur adjoint des Forêts, répétiteur à ladite école.

DEUXIÈME CAHIER

COMPRENANT LA DEUXIÈME PARTIE DU COURS ET UNE ADDITION A LA PREMIÈRE PARTIE

NANCY

IMPRIMERIE NANCÉIENNE, 1, RUE DE LA PÉPINIÈRE

1888

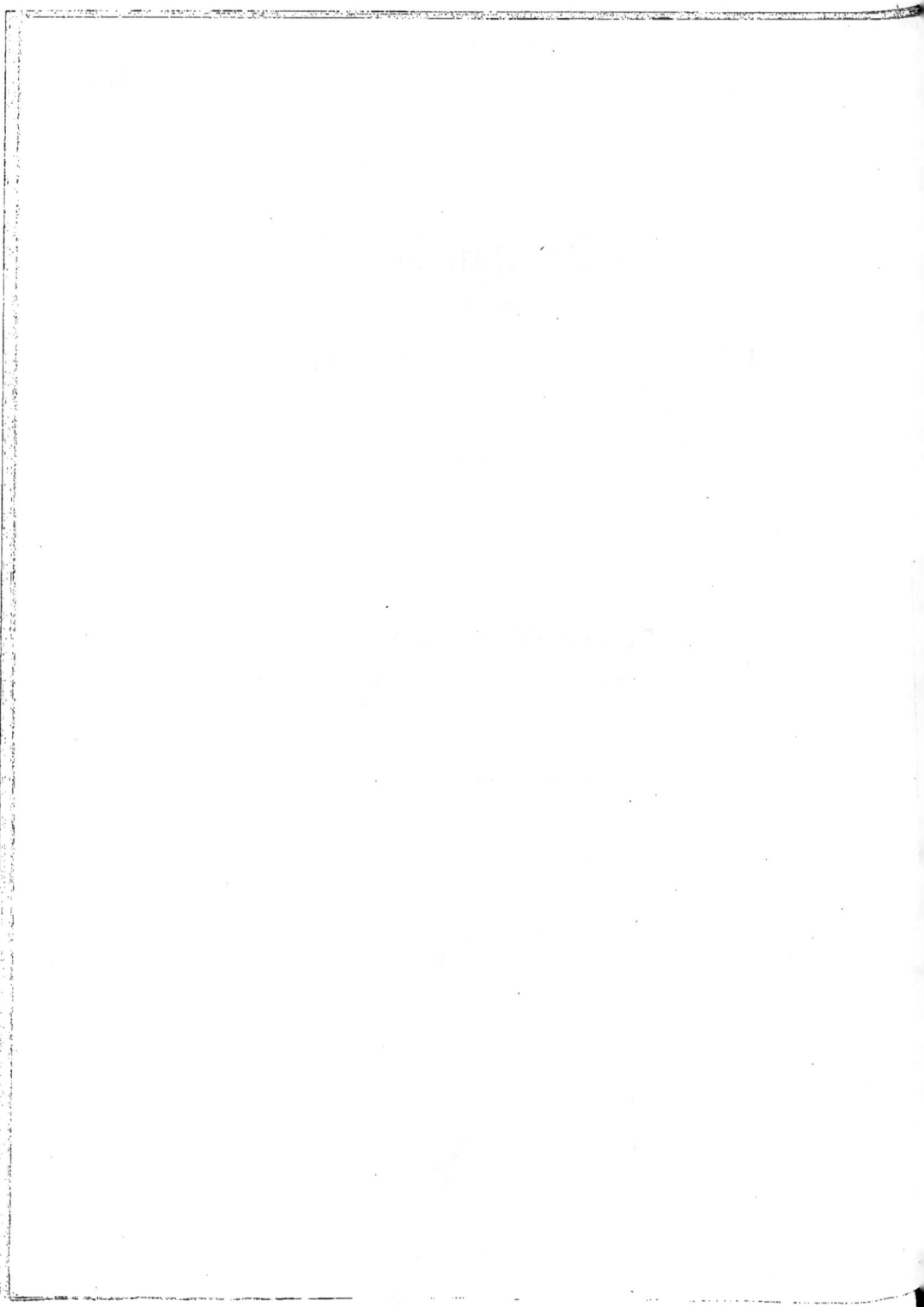

NOTIONS

EXTRAITES DU PREMIER CAHIER (¹) QUI PARAISSENT NÉCESSAIRES A L'INTELLIGENCE DU SECOND

I. -- PLAN DU COURS

Introduction.

Objet et définition de l'aménagement. — Acceptions diverses du mot aménagement. — De l'aménagement d'une forêt déterminée.

1ʳᵉ partie. — Principes fondamentaux de l'aménagement.

LIVRE I. — Exposé rapide des questions les plus importantes de l'économie forestière. Terminologie.

LIVRE II. — Étude détaillée de quelques-unes des questions précitées. — *Chapitre I :* De l'exploitabilité. — *Chapitre II :* Des régimes et des modes de traitement. — *Chapitre III :* De l'ordre des exploitations ; règles d'assiette des coupes. — *Chapitre IV :* Du rapport soutenu. — *Chapitre V :* Du fonds de réserve (²).

2ᵉ partie. — Opérations préliminaires communes à tous les aménagements.

Chapitre I : Reconnaissance générale de la forêt et relevé des faits qui

---

(¹) Cours d'aménagement professé à l'École nationale forestière pendant l'année scolaire 1885-1886. — Premier cahier, contenant l'introduction et la première partie du cours (§§ 1 à 413), in-4° de 256 pages. — Nancy, impr. J. Royer (autographié).

(²) Ce chapitre ne figurait pas dans le plan primitif ; il a été placé en tête du présent cahier.

intéressent sa gestion. (Statistique générale.) — *Chapitre II :* Choix de l'exploitabilité, du régime et du mode de traitement ; formation des sections.

3ᵉ partie. — Opérations essentielles,

variables suivant la constitution de la forêt à aménager et suivant le mode de traitement auquel elle doit être soumise.

LIVRE I. — Aménagement des forêts traitées et à traiter en futaie, suivant la méthode dite « du réensemencement naturel et des éclaircies ». — SECTION I. *Chapitre I :* Parcellaire. — *Chapitre II :* Séries d'exploitation. — *Chapitre III :* Révolution. — *Chapitre IV :* Exposé sommaire des principales méthodes d'aménagement en futaie par coupes localisées ; classement de ces méthodes en trois groupes. SECTION II. Étude détaillée de la méthode d'aménagement française.

LIVRE II. — Aménagement des forêts jardinées, en vue du maintien du jardinage.

LIVRE III. — Aménagement des forêts jardinées, en vue de l'application de la méthode des éclaircies. (*Transformations.*)

LIVRE IV. — Aménagement des taillis simples.

LIVRE V. — Aménagement des taillis composés.

LIVRE VI. — Aménagement en futaie, par coupes localisées, des forêts traitées jusque-là en taillis. (*Conversions.*)

4ᵉ partie. — Appendice.

I. — Aperçu de divers systèmes d'aménagement français et étrangers.

II. — Dispositions législatives et réglementaires concernant l'aménagement des forêts en France.

III. — Rédaction d'un projet d'aménagement.

II. — DÉFINITION DES PRINCIPAUX TERMES EMPLOYÉS

1. — L'*aménagement* est l'art de réglementer l'exploitation des forêts en vue des besoins de l'homme (§ 1) (¹).

2. — Un *peuplement* est l'ensemble des tiges qui couvrent une portion déterminée de terrain forestier (§ 14).

3. — La *forme* d'un peuplement est le *facies* qu'il revêt en raison de son origine et du traitement auquel il est soumis (§ 16).

4. — L'*état de développement* d'un peuplement est l'aspect qu'il prend, dans une forme déterminée, en vertu de l'âge et, par conséquent, de la grosseur des tiges qui le constituent (§ 16).

5. — Un peuplement d'*un seul âge* est celui où toutes les tiges sont sensiblement de même âge et, par suite, de même grosseur. — Un peuplement d'*âges multiples* est celui où cette condition n'est pas remplie (§ 17).

6. — Les peuplements d'âges multiples se subdivisent en peuplements d'*âges mélangés* et en peuplements *à étages*. Dans les premiers, il y a de nombreux intermédiaires entre les jeunes sujets et les vieux arbres ; dans les seconds, les tiges constitutives se répartissent en deux ou trois classes de hauteur nettement tranchées, de telle sorte qu'on y voit comme deux ou trois peuplements distincts *étagés* l'un au-dessus de l'autre (§ 18).

7. — L'*âge* d'un peuplement d'un seul âge est l'âge moyen des sujets qui le composent (§ 19).

8. — L'*âge prédominant*, dans un peuplement d'âges mêlés, est l'âge d'une certaine catégorie de tiges plus nombreuses que les autres (§ 19).

9. — La *consistance* d'un peuplement est le degré d'éloignement ou de rapprochement des sujets qui entrent dans sa formation (§ 20).

(¹) Les numéros entre parenthèses sont des renvois aux différents paragraphes du cours.

10. — Les peuplements *clair-plantés* sont ceux où les cîmes des arbres ne se touchent pas en temps ordinaire. Les peuplements *en massif*, appelés par abréviation *massifs*, sont ceux où les cîmes se touchent sans être agitées par le vent (§ 21).

11. — Un peuplement est *complet* quand il présente la consistance que comportent normalement sa forme et son état de développement ; il est *incomplet* dans le cas contraire (§ 22).

12. — Une *forêt* est un groupe de peuplements (§ 34).

13. — Une *futaie* est un peuplement composé d'arbres ayant des fûts constitués. Une forêt est *traitée en futaie* quand tous les peuplements qui la composent sont destinés à arriver à l'état de futaie et, par suite, à se régénérer par la semence (§§ 25 et 37).

14. — Un peuplement de semence passe, en vieillissant, par divers états de développement auxquels correspondent les noms que voici (§ 28) :

1° *Semis*, depuis la naissance du peuplement jusqu'au moment où il forme massif ;

2° *Fourré*, depuis la constitution de l'état de massif jusqu'à l'époque où les branches basses commencent à se dessécher ;

3° *Gaulis*, depuis le moment où les tiges se dénudent par le bas jusqu'à celui où elles atteignent $0^m,10$ de diamètre à $1^m,30$ du sol ;

4° *Perchis*, lorsque le peuplement présente de $0^m,11$ à $0^m,20$ de diamètre moyen à $1^m,30$ du sol ;

5° *Futaie*, lorsqu'il a plus de $0^m,20$ de diamètre à $1^m,30$ du sol. Dans l'état de futaie nous distinguons trois degrés :

a) La *jeune futaie*, où les tiges ont de $0^m,21$ à $0^m,35$ de diamètre moyen à $1^m,30$ du sol ;

b) La *moyenne futaie*, où les tiges ont de $0^m,36$ à $0^m,50$ de diamètre moyen ;

c) La *vieille futaie*, où les tiges ont plus de $0^m,50$ de diamètre moyen.

15. — Un *taillis* est un peuplement formé par des rejets de souche

d'un âge encore peu avancé. Quand les tiges qui le composent arrivent à avoir 0^m,20 de diamètre moyen à hauteur d'homme, il devient une *futaie sur souches* (§ 29).

Une forêt *traitée en taillis* est une forêt feuillue où tous les peuplements sont exploités à court terme et destinés à se régénérer par les souches (§ 38).

16. — Un arbre ou peuplement est *exploitable* quand il réalise le mieux possible le genre d'utilité qu'on réclame de lui. L'*exploitabilité* est la qualité d'un arbre ou d'un peuplement d'être exploitable. Le *terme de l'exploitabilité* est le nombre d'années au bout duquel l'arbre ou le peuplement devient exploitable (§ 33).

17. — Une forêt est exploitée par *coupes localisées* lorsqu'on y abat, en une ou plusieurs fois, des peuplements entiers. On y crée ainsi des peuplements d'un seul âge chacun.

Elle est exploitée par *coupes jardinatoires* ou *par pieds d'arbres* lorsqu'on n'y enlève que des tiges éparses au milieu de peuplements destinés à rester indéfiniment debout. Ceux-ci restent ou deviennent alors forcément des peuplements d'âges multiples (§ 58).

18. — Dans les forêts exploitées par coupes localisées, les *coupes de régénération* sont celles qui portent sur les peuplements exploitables *ou réputés tels*. Elles ont pour but de les abattre en une ou plusieurs fois et de leur substituer d'autres peuplements. Elles fournissent les *produits principaux* de la forêt.

Les *coupes d'amélioration* (nettoiements et éclaircies) sont celles qui portent sur des peuplements destinés à rester encore sur pied. Elles ont pour but de favoriser la végétation de ces peuplements en éliminant les sujets inutiles ou nuisibles. Elles fournissent les *produits secondaires* ou *intermédiaires* (§§ 43 à 45).

19. — Le *capital d'exploitation* d'une forêt est l'ensemble des peuplements (ou des tiges) d'âges (ou de grosseurs) convenablement gradués qu'il faut laisser constamment sur pied dans cette forêt pour pouvoir en tirer tous les ans des bois exploitables (§ 48).

20. — Le *régime de la futaie* consiste à couper les arbres ou les peuplements à un âge assez avancé pour qu'ils donnent de gros bois et se régénèrent par la semence (§ 51).

21. — Le *régime du taillis* consiste à couper les tiges ou les peuplements de bois feuillus à un âge où ils ne donnent encore que des produits de faibles dimensions et ne se régénèrent que par rejets (§ 52).

22. — Le régime du *taillis sous futaie* ou *taillis composé* est intermédiaire entre les deux autres. Il consiste à laisser sur pied, lors de l'exploitation en taillis, un certain nombre d'*arbres de réserve* ou *baliveaux* destinés à être exploités individuellement à l'un des passages ultérieurs de la coupe de taillis. Dans ce régime, les produits principaux comprennent *à la fois* des gros bois et des bois de petites dimensions et la régénération se fait *à la fois* par les souches et par la semence (§ 53).

23. — Une *classe d'âges* est un groupe de peuplements dont les âges sont compris entre deux limites données (§ 84).

24. — Un *peuplement* est *normal* lorsqu'il répond au type idéal qu'on peut raisonnablement chercher à réaliser, étant donnés : sa station, les essences qui le composent, sa forme et son état de développement (§ 86).

25. — Envisagée à un point de vue tout à fait général, une *forêt* est *normale* quand elle est conforme au type idéal qu'on peut raisonnablement se proposer de réaliser, étant donnés : sa station, les essences qui la composent, l'exploitabilité et le mode de traitement qu'on veut y appliquer (§ 87).

26. — Envisagée au point de vue spécial de l'aménagement, une *forêt* est *normale* quand elle est constituée par des peuplements normaux associés de telle façon que de leur combinaison on puisse tirer tous les ans des quantités égales et aussi grandes que possible de bois exploitables (§ 87).

27. — Une *forêt exploitée par coupes localisées* est *normale* quand les peuplements qu'elle renferme sont normaux et présentent, sur des surfaces égales, une gradation d'âges complète, depuis le peuplement naissant jusqu'au peuplement exploitable (§ 88).

28. — Le *capital d'exploitation normal* d'une forêt déterminée est celui qui existerait dans la forêt normale correspondante (§ 90).

29. — On appelle *révolution* le laps de temps *adopté* pour la régénération successive de tous les peuplements d'une forêt (§ 91).

30. — Dans un sens restreint du mot, une *période* est une partie, généralement aliquote, de la révolution. Dans son acception générale, le mot *période* désigne un espace de temps quelconque : c'est ainsi qu'on appelle *période d'attente* ou *période préparatoire* l'intervalle pendant lequel on suspend *provisoirement* les coupes de régénération dans une forêt (§§ 95 et 96).

31. — La *rotation* ou *périodicité* est l'intervalle qui doit séparer deux passages consécutifs, sur un même point de la forêt, d'une coupe d'une nature donnée quelconque. La révolution est un cas particulier de la rotation (§ 97).

32. — Une *suite de coupes* est une succession de coupes de même nature qui parcourent, conformément à une certaine rotation, un groupe de peuplements donné. On peut également désigner ainsi les emplacements parcourus (§ 97bis).

33. — La *production* (en matière) *d'une forêt* en un temps donné est la quantité de matière ligneuse qui s'y est *élaborée* dans ce laps de temps. C'est, en d'autres termes, l'*accroissement total de volume* qu'a pris, dans ledit intervalle, le matériel sur pied dans la forêt (§ 98).

34. — Le *rendement d'une forêt* est la quantité *effective* de produits qu'on en a *tirée* en un temps donné (§ 112).

35. — La *possibilité d'une forêt*, expression qui figure déjà dans l'Ordonnance de 1669 (titre XV, art. 40) avec le sens *probable* de *production* de cette forêt (voir n° 33), a été définie par les créateurs de notre enseignement forestier (Lorentz et Parade, Cours de culture, 6ᵉ édition, §§ 396 et 416) :

La quantité de matière qu'on peut retirer annuellement de cette forêt, sous la condition que le rendement varie le moins possible (*et qu'on s'achemine vers l'état normal cherché*).

REUSS.   2

C'est, en d'autres termes, le volume qu'on peut *raisonnablement* exploiter chaque année dans la forêt considérée quand on veut l'amener progressivement à l'état normal (§ 103).

36. — A côté de cette acception primordiale, la seule qui ait été l'objet d'une définition formelle, le mot possibilité a encore reçu, *en fait*, plusieurs autres significations :

1° On appelle *possibilité d'une forêt* la quotité de produits fournis annuellement par cette forêt en vertu d'un aménagement *quelconque*, fût-il mauvais et n'assurât-il pas le rapport soutenu (§ 104) ;

2° La même expression désigne aussi, dans une forêt où les coupes sont réglées par contenance, le nombre d'hectares fixé par l'aménagement pour l'étendue de la coupe annuelle, et, dans une forêt où l'on exploite par pieds d'arbres, le nombre de sujets à enlever chaque année (§ 105) ;

3° Enfin, en vertu d'une autre série d'acceptions, le mot possibilité, appliqué *non plus à une forêt*, mais à une *catégorie de coupes* donnée, désigne le nombre, soit de mètres cubes, soit d'hectares, soit de pieds d'arbres sur lequel doit porter, chaque année, la coupe de la catégorie considérée (§ 106).

37. — *Dans les circonstances où il n'aura pas son sens primordial* (n° 35) et chaque fois qu'une obscurité de langage sera à craindre, nous remplacerons le mot *possibilité* par le mot *taxe*.

La *taxe des exploitations* d'une forêt est donc le chiffre auquel ces exploitations sont *taxées*, c'est-à-dire fixées par l'aménagement (§ 109).

Ce chiffre exprime des unités de volume, des unités de surface ou des nombres d'arbres, suivant le mode de réglementation adopté pour les coupes (§§ 109 et 111).

Quand, dans une forêt, on effectue simultanément des coupes de diverse nature, chaque catégorie de coupes peut avoir et a généralement une *taxe spéciale* (§§ 110 et 111).

38. — Le *revenu brut* d'une forêt est le montant de ses produits sans déduction d'aucuns frais (§ 116).

39. — Le *revenu net* ou *rente* est le revenu brut diminué des frais de production.

Il y a différentes sortes de *rentes* suivant la nature et le nombre des éléments que l'on fait entrer dans les frais de production (§ 118).

40. — La *rente forestière* ou *rente de la forêt* est le résultat qu'on obtient en retranchant du revenu brut les frais de garde et de gestion et les impôts (§ 119).

41. — La *rente foncière* ou *rente du sol* est le revenu brut diminué, non seulement des impôts et des frais de garde et de gestion, *mais encore des intérêts du matériel ligneux* (§ 121).

42. — Le *bénéfice d'entrepreneur* s'obtient en défalquant du revenu brut, outre les impôts et les frais de garde et de gestion, les intérêts de tous les capitaux engagés, *y compris le capital sol* (§ 120).

43. — L'exploitabilité *physique* est celle qu'on cherche à réaliser lorsqu'on maintient sur pied les arbres et les peuplements jusqu'à leur dépérissement complet (§§ 130 et 131).

44. — L'exploitabilité *absolue* d'un arbre ou d'un peuplement se réalise lorsqu'on coupe cet arbre ou ce peuplement à une époque telle que, s'ils sont remplacés indéfiniment par des arbres ou des peuplements identiques, on obtienne des uns ou des autres le maximum de matière ligneuse en un temps donné. — On démontre que cette époque coïncide avec celle où l'accroissement moyen de l'arbre ou du peuplement est maximum (§§ 140 et 155).

45. — L'exploitabilité *technique* est l'état d'un arbre ou d'un peuplement qui est arrivé au moment où il fournit la plus grande quantité possible de matière ligneuse propre à un emploi déterminé (§ 157).

46. — Un arbre ou un peuplement est parvenu à l'exploitabilité *économique* (ou à la *maturité*) quand il renferme la plus grande quantité possible de bois sain (§§ 161 à 165 et 169).

47. — L'exploitabilité *relative à la plus grande rente forestière* a lieu, pour un arbre comme pour un peuplement, lorsque cet arbre ou ce

peuplement fournit le plus grand revenu net annuel moyen, les inté-rêts des capitaux engagés n'entrant pas en ligne de compte (§§ 176, 177 et 183).

48. — L'exploitabilité *commerciale* d'un arbre ou d'un peuplement se réalise lorsqu'on coupe cet arbre ou ce peuplement à un âge tel qu'on retire du sol occupé par l'un ou l'autre la plus grande *rente foncière*, c'est-à-dire (voir n° 41) le plus grand revenu net, défalcation faite des intérêts du capital ligneux. — Quand la conception s'applique à un arbre, il faut supposer l'unité de surface couverte d'arbres similaires (§§ 185 et 217*).

ADDITION AU LIVRE II DE LA PREMIÈRE PARTIE DU COURS

CHAPITRE V

DU FONDS DE RÉSERVE

ARTICLE 1er. — Généralités.

§ 414. — On appelle *fonds de réserve*, en économie forestière, la portion du matériel ligneux d'une forêt que le propriétaire affecte à des besoins urgents et imprévus, tellement supérieurs aux besoins habituels que, s'il ne prenait aucune mesure spéciale pour y parer, il serait obligé soit de renoncer aux ressources que présente sa propriété boisée, soit d'en bouleverser l'aménagement.

D'ailleurs, tantôt ces besoins extraordinaires se rapportent à des objets quelconques et demandant à être satisfaits par l'intermédiaire d'une somme d'argent, tantôt ils s'appliquent à du bois, de telle sorte que la forêt peut y subvenir directement, avec ses produits en nature. Il résulte de là que le fonds de réserve joue un rôle tantôt *financier*, tantôt *économique*.

Les produits du fonds de réserve rentrent dans la catégorie des *produits extraordinaires* (voir § 116).

§ 415. — Il y a deux manières principales de former le fonds de réserve. Le procédé qui vient le plus naturellement à l'esprit consiste à distraire, une fois pour toutes, de l'ensemble de la forêt un ou plusieurs cantons et à décider que les produits de ces cantons serviront à perpétuité à subvenir aux besoins extraordinaires. Dans ce cas, le fonds de réserve occupe toujours le même emplacement et constitue comme une forêt distincte : il est à *assiette fixe*.

Un autre procédé consiste à former le fonds de réserve avec une partie des bois les plus âgés. Alors il se déplace évidemment au fur et à mesure que les peuplements ou les arbres vieillissent, il est à *assiette mobile*.

§ 416. — Quand on crée un fonds de réserve à *assiette fixe*, on en détermine l'étendue d'après l'importance des services qu'il doit rendre et, pour des motifs de symétrie, on lui fait couvrir une partie aliquote de la surface de la forêt, par exemple un quart.

Le fonds de réserve à assiette fixe a pour lui l'avantage de la simplicité. On se rend facilement compte, sur le terrain, des ressources qu'il offre, et les prélèvements qu'on y opère frappent tout de suite les yeux des intéressés.

Par contre, avec ce mode de constitution, le fonds de réserve, au moins lorsqu'il est formé tout entier par un peuplement d'un seul âge, a l'inconvénient de n'être pas toujours disponible, car il se compose forcément, à certaines époques, de jeunes bois ou de bois d'âge moyen, non encore exploitables. Cet inconvénient est surtout grave dans le cas où le peuplement du fonds de réserve est élevé en futaie, avec une exploitabilité à long terme, car alors un très grand intervalle de temps sépare la naissance du massif de sa régénération.

Il semble au premier abord que l'on tourne la difficulté en créant, dans le fonds de réserve, une série de peuplements d'âges gradués et traités soit en futaie éclaircie, soit en taillis simple ou taillis composé. L'application du jardinage dans les forêts de résineux paraît être également un moyen d'éviter l'inconvénient dont il s'agit. Mais, en procédant de la sorte, on substitue, en réalité, un désavantage à un autre, car ce qu'on gagne dans le temps on le perd dans l'espace, en ce sens que le peuplement ou la catégorie d'arbres exploitable à un moment donné occupe un emplacement et fournit un volume de bois d'autant plus réduits que la gradation d'âges est plus longue et plus complète.

Un autre reproche à adresser à ce système c'est qu'un mode de traitement très usité, celui de la futaie éclaircie, doit être rejeté lorsque le fonds de réserve à assiette fixe n'occupe qu'une petite surface, par exemple 10 hectares seulement. En effet, pour des raisons sur lesquelles nous reviendrons plus loin (¹), il n'est guère possible d'élever régulièrement en futaie, par coupes de régénération successives, une série de peuplements d'âges gradués qui, ensemble, ne couvrent pas au moins 50 hectares. Or il y a des forêts d'étendue médiocre dont il serait regrettable de voir distraire un canton de moins de 50 hectares pour le soumettre à un autre mode que celui des éclaircies.

Cependant, malgré ce que nous venons de dire, les fonds de réserve à assiette fixe présentent de tels avantages au point de vue de la simplicité, qu'on a, en général, intérêt à les préférer aux fonds de réserve à assiette mobile.

§ 417. — En ce qui concerne ces derniers, il y a trois façons de les concevoir, qui correspondent aux trois manières de réglementer les exploitations (§ 108).

1° Si l'on a *déterminé* la possibilité de la forêt, et qu'on ait décidé que, dans telle période de temps, on coupera tel volume de bois (cas des futaies éclaircies), on affecte aux besoins extraordinaires une fraction du volume dont il s'agit. Ainsi, soit 3,000 le nombre de mètres cubes à exploiter dans une période de 30 ans. On décidera, par exemple, que le quart, soit 750 mètres cubes, constituera le fonds de réserve *pour ces 30 années ;*

2° Si, *plutôt que de calculer la possibilité*, on règle les coupes par contenance, comme cela se fait dans les taillis, on établit le fonds de réserve mobile, par contenance également, en affectant aux besoins extraordinaires, *pour la durée de la révolution*, une certaine étendue de peuplements à choisir parmi les plus âgés. Supposons, par exemple, que le taillis considéré couvre 160 hectares, que la révolution adoptée

---

(¹) Voir le Livre 1 de la troisième partie du cours.

soit de 24 ans, enfin que l'on veuille mettre en réserve le quart du revenu de la forêt. Au lieu de donner à la coupe ordinaire annuelle une surface de $\frac{160}{24} = 6^h,67$, on la réduira à $\frac{3 \times 160}{4 \times 24} = 5$ hectares, et l'on disposera, *pendant la durée de la révolution,* pour les besoins imprévus, de $\frac{160}{4} = 40$ hectares de taillis exploitables ou voisins de l'exploitabilité (') ;

3° Enfin si l'on se propose encore de *réaliser la possibilité sans la déterminer,* mais, cette fois-ci, en exploitant tous les ans un même nombre d'arbres d'un certain calibre, on peut recourir à une troisième modalité du fonds de réserve à assiette mobile : elle consiste à affecter aux besoins extraordinaires, pendant un temps donné, une fraction du nombre total des tiges destinées à être extraites de la forêt dans ledit laps de temps. Si, par exemple, on a fixé à 600 le nombre de sujets à enlever pendant une rotation de 10 ans et que l'on veuille mettre en réserve le cinquième du rendement, on décidera que la taxe annuelle des coupes ordinaires sera limitée à $\frac{4 \times 600}{5 \times 10} = 48$ arbres et qu'on en réservera 120 pour parer, *pendant 10 ans,* aux nécessités inattendues.

§ 418. — Les avantages et les inconvénients du fonds de réserve à assiette mobile sont la contre-partie de ceux du fonds de réserve à assiette fixe. L'assiette mobile s'adapte à tous les modes de traitement et le matériel réservé est toujours exploitable ou à la veille de l'être ; mais, comme ce matériel est sans cesse confondu, sur le terrain, avec les bois affectés aux coupes ordinaires, l'importance et l'existence même

---

(¹) Il résulte de ce qui vient d'être dit sur le fonds de réserve mobile que, si on n'utilisait pas celui-ci pendant toute une révolution de futaie ou de taillis, cela reviendrait à allonger la révolution dans le rapport inverse de celui où l'on a réduit la taxe des coupes ordinaires pour la durée de cette révolution. Ce résultat se produirait d'ailleurs, que la taxe exprimât un volume ou une contenance. Ainsi, dans l'exemple ci-dessus, relatif à un taillis, on porterait, en fait, la révolution à $\frac{4 \times 24}{3} =$ 32 ans.

du fonds de réserve ne se révèlent au forestier que grâce à un compte de gestion bien tenu. Quant aux personnes dépourvues de connaissances techniques, elles ont toujours de la peine à comprendre le mécanisme du système, ce qui nuit à son application aux forêts communales.

§ 419. — Un des points les plus importants à déterminer, quand le fonds de réserve est à assiette mobile, c'est la *quotité disponible*. On désigne par là la portion du fonds de réserve qu'on est logiquement en droit de réaliser à un moment donné. Elle est égale au quotient du fonds de réserve par le nombre d'années pour lequel il a été créé, ce quotient étant, bien entendu, diminué, s'il y a lieu, du chiffre des coupes extraordinaires déjà effectuées.

Ainsi, supposons que le fonds de réserve *institué pour une période de 30 ans*, soit de $\frac{3000}{4} = 750$ mètres cubes. Il serait illogique de couper la totalité des 750 mètres cubes avant l'expiration des 30 années. Au bout de 7 ans, par exemple, la quotité disponible ne sera que de $\frac{750}{30} \times 7 = 175$ mètres cubes, et, si on a déjà exploité 90 mètres cubes en coupes extraordinaires, elle se réduira à 85 mètres cubes.

On fait un calcul analogue lorsque l'assiette mobile représente une certaine surface, mais il est clair qu'alors le volume de la quotité disponible n'est pas, en réalité, plus connu que le volume total mis en réserve ; on sait seulement quelle surface maxima on pourra donner chaque fois à la coupe extraordinaire. Dans l'exemple du § 417, 2°, la quotité annuellement disponible a pour expression $\frac{160}{4 \times 24}$, de sorte que tous les 3 ans on peut exploiter $\frac{160 \times 3}{4 \times 24}$, c'est-à-dire une surface égale à la coupe ordinaire, sauf déduction des coupes extraordinaires antérieures.

Enfin un raisonnement du même genre s'appliquerait au cas où le fonds de réserve mobile est formé par un certain nombre d'arbres.

La notion de la quotité disponible s'étend aux fonds de réserve à assiette fixe, mais alors l'évaluation de cette grandeur résulte immédiatement, sans calcul, de l'examen des peuplements ; la quotité disponible comprend tous les massifs jugés exploitables.

§ 420. — Dépasser la quotité disponible telle qu'elle vient d'être définie n'est pas seulement illogique, mais imprudent. C'est s'exposer à un danger que M. Broilliard indiquait, dans son cours, par une comparaison familière. Un ouvrier gagnant 5 francs par jour fait, à la fin de la semaine, au moment où il vient de toucher sa paie, le raisonnement que voici : « Il est convenu avec ma femme que je peux disposer de 1/10 de mon salaire pour mes dépenses de cabaret ; cela représente 50 centimes par jour et 3 francs pour la semaine entière ; je vais donc, dès aujourd'hui, me régaler pour ces 3 francs, sauf à ne plus retourner au cabaret pendant huit jours. » Comme notre ouvrier aura encore soif dans l'intervalle, ne sera-t-il pas tenté de dépasser la somme de 3 francs primitivement fixée comme argent de poche et, par conséquent, de réduire d'autant la somme destinée à l'entretien de sa famille ?

§ 421. — Que le fonds de réserve doive être établi à assiette fixe ou à assiette mobile, il importe de décider, dès le début d'un travail d'aménagement, si l'on aura recours à une mesure de ce genre et sur quel type elle sera conçue. L'institution d'un fonds de réserve n'est donc point une simple disposition complémentaire d'un aménagement. Nous verrons dans la troisième partie du cours quelles sont les dispositions essentielles qu'elle entraîne et comment on dresse en conséquence les règlements d'exploitation.

Mais nous annoncerons dès maintenant qu'il ne faut pas confondre le fonds de réserve dont nous avons parlé jusqu'ici avec les fractions du matériel sur pied que l'on met provisoirement de côté, dans les forêts traitées en futaie par le mode des éclaircies, pour donner du jeu au mécanisme de l'aménagement, assurer le rapport soutenu, observer le principe de l'exploitabilité, ou produire des bois de dimensions exceptionnelles. Ces bois en croissance constituent des fonds de réserve *tech*-

niques qui n'ont rien de commun avec le fonds de réserve proprement dit, *économique* ou *financier* (§ 414), dont il est question dans le présent chapitre.

ARTICLE 2. — Tous les propriétaires ont-ils intérêt à constituer des fonds de réserve ?

§ 422. — Il y a lieu de se demander si tous les propriétaires forestiers ont intérêt à créer des fonds de réserve ou si, malgré les avantages généraux de l'épargne, la mesure n'est pas d'une utilité absolue. Considérons, pour cela, chacune des catégories mentionnées au § 229.

Communes. — § 423. — Notre réponse sera nettement affirmative à l'égard des communes. En effet, elles ont, pour la plupart, des ressources très limitées en dehors de celles qu'elles tirent de leurs forêts, et d'un autre côté, elles ont toutes, de temps à autre, des besoins de bois ou d'argent supérieurs aux besoins habituels. Dans ces conditions, un fonds de réserve leur est indispensable, du moment qu'elles veulent utiliser le mieux possible leur patrimoine forestier, sans troubler la marche normale des exploitations. C'est ce qu'a d'ailleurs parfaitement compris le législateur, qui a posé en principe, dans l'article 93 du Code forestier, la mise en réserve du quart de tous les bois communaux.

Particuliers. — § 424. — La même recommandation paraît convenir aux particuliers, au moins à ceux dont la fortune consiste principalement en forêts. Comme les communes, en effet, ces particuliers peuvent avoir, à certaines époques, des besoins extraordinaires de bois ou d'argent, et d'autre part, il est plus avantageux pour eux de créer petit à petit une épargne sous forme de bois sur pied que, le moment de la crise venu, d'emprunter à gros intérêts.

Quant aux particuliers dans le patrimoine desquels la forêt figure pour une très faible part, nous avons vu plus haut (§ 406) qu'ils peuvent, à la rigueur, se passer d'aménagement et faire des coupes intermittentes, d'importance variable et à des époques indéterminées. Ils n'ont donc pas à établir de fonds de réserve, puisqu'une institution de ce genre n'a sa raison d'être que si, à côté d'elle, s'effectuent des coupes régulières, à date fixe. Pour la catégorie de particuliers qui nous occupe, la forêt entière joue, en somme, le rôle de fonds de réserve.

État. — § 425. — En ce qui concerne l'État, la question est controversée. Il y a des forestiers qui, se fondant sur les avantages généraux de l'épargne, ont pensé que l'État devait, au même titre que les communes et que beaucoup de particuliers, constituer dans ses forêts des fonds de réserve pour faire face à des besoins imprévus.

Nous croyons que, si l'on s'en tient à la définition posée au § 414, qui donne à l'expression *fonds de réserve* un sens nettement limité, il faut considérer cette mesure comme inutile dans les forêts domaniales.

Pour justifier notre manière de voir, nous diviserons la question en l'examinant successivement au point de vue financier et économique, mais en ne nous occupant, d'ailleurs, dans les deux cas, que de l'État français.

§ 426. — Plaçons-nous d'abord sur le terrain financier. De deux choses l'une : ou la réserve sera faible, ou elle comprendra un matériel considérable.

I. — Supposons que la réserve financière soit faible et que sa *quotité annuelle* ne s'élève au maximum qu'à 1/10 de la possibilité des forêts domaniales. Le produit annuel des coupes de bois de l'État n'étant plus actuellement que de 25,000,000 de francs environ, on ferait, dans ces conditions, une épargne de 2 millions 1/2 par an. Il arriverait donc forcément de deux choses l'une :

a) *Ou bien* on réaliserait le fonds de réserve à de fréquents intervalles, tous les deux ou trois ans par exemple — cette hypothèse n'a rien d'invraisemblable, car le Ministre des finances ou le Parlement trouveraient sans doute fréquemment de bonnes raisons pour utiliser des ressources disponibles ; — mais alors les quelques millions de francs qu'on se procurerait périodiquement de cette manière seraient de peu de secours en présence des oscillations bien autrement considérables d'un budget de recettes de plus de 3 milliards.

b) Ou bien on laisserait cette épargne s'accumuler pendant de longues années, afin de remédier ainsi à sa modicité et de pouvoir couvrir une grosse dépense, combler un déficit budgétaire accentué. Alors on inonderait, à un moment donné, le marché d'une quantité de bois énorme et on avilirait les prix (¹). D'ailleurs, le fonds de réserve, surtout s'il était à assiette mobile, se composerait en grande partie de vieux bois exploitables, sinon dépérissants ; on ne pourrait donc pas le conserver indéfiniment sur pied, et, pour l'empêcher de se dégrader, il faudrait parfois le réaliser à des époques qui ne coïncideraient nullement avec les déficits budgétaires : il ne répondrait donc pas au but de l'institution.

II. — Supposons maintenant que l'État mette en réserve, pour subvenir à des dépenses imprévues, une portion importante des revenus annuels de ses forêts ; c'est, du reste, l'hypothèse qui cadre le mieux avec l'élévation de notre budget. Admettons que l'épargne annuelle atteigne *le quart* de la possibilité. Qu'arriverait-il ? D'abord, on priverait en temps ordinaire, le Trésor d'une portion notable de ses revenus ; ensuite on s'exposerait, à plus brève échéance que tout à l'heure, à tous les inconvénients que nous venons de signaler comme étant la conséquence de l'accumulation, pendant de longues années, d'une épargne modique ; c'est-à-dire qu'on amènerait : soit la dépréciation des produits jetés brusquement, en grande masse, sur le marché ; soit la dégradation du matériel réservé.

(¹) En 1872, on a vendu, à titre extraordinaire, l'équivalent des coupes de tout un exercice : l'opération, au lieu de rapporter le double du revenu annuel normal de l'époque, soit 60 millions de francs, n'a produit que 40 millions, c'est-à-dire que les bois ont été dépréciés d'un tiers de leur valeur.

L'établissement d'un fonds de réserve dans les forêts domaniales ne se justifie donc pas au point de vue financier, et les déficits du budget, grands ou petits, doivent être comblés à l'aide de mesures d'un emploi plus commode et moins aléatoire que celle-là. Que si, par malheur, le pays traversait une crise budgétaire tellement grave qu'il fallût faire appel à toutes ses ressources, ce serait l'ensemble des forêts domaniales et non pas seulement une fraction d'entre elles qu'il faudrait considérer comme un fonds de réserve et dont il faudrait réaliser le capital ligneux, *en admettant que, pour les motifs qui précèdent, ce moyen ne fût pas illusoire et qu'il ne fût pas, en outre, absolument condamnable, en raison du rôle économique que doit jouer le domaine boisé de l'État* (voir §§ 240 à 262).

§ 427. — Mais, dira-t-on, en saisissant maintenant la question par son côté économique, il y aurait peut-être avantage à constituer des fonds de réserve dans les forêts domaniales pour assurer à un moment donné, soit au public, soit à l'Etat en tant que personne morale, une quantité de bois d'œuvre plus considérable que celle qui correspond aux besoins habituels.

Ce nouveau terrain de discussion vaut mieux que le précédent, précisément parce qu'il est celui où l'on doit se placer quand on s'occupe des forêts domaniales. La réponse reste néanmoins la même. En effet, on retombe nécessairement sur les deux hypothèses de tout à l'heure :

I. — Le fonds de réserve sera faible, de telle sorte qu'en le constituant et en l'alimentant on ne cause aucune gêne aux industries qui réclament du bois. On le créera, par exemple, en mettant de côté, chaque année, 1/10 du rendement des forêts domaniales. Or, ce rendement ne paraît pas s'élever à plus de 3,000,000 de mètres cubes en grume, sur lesquels il y a 2/10, soit 600,000 mètres cubes de bois d'œuvre et sans doute seulement 1/10, soit 300,000 mètres cubes *de gros bois d'œuvre* provenant d'arbres de $0^m,35$ de diamètre à $1^m,30$ du sol [1]. Le volume

---

[1] Voir la *Statistique forestière de la France*, Paris, Imprimerie nationale, 1878.

de gros bois d'œuvre réservé tous les ans serait donc de 30,000 mètres cubes. D'autre part, d'après des évaluations dont l'initiative revient à M. Broilliard, la France consomme tous les ans environ 7,000,000 de mètres cubes (en grume) de gros bois d'œuvre ('), c'est-à-dire une quantité près de 140 fois supérieure à celle qu'elle tire de ses forêts domaniales. Un fonds de réserve aussi faiblement doté que celui-là serait donc de peu de secours dans le cas où, pour une cause ou une autre, la demande de gros bois d'œuvre viendrait brusquement à dépasser les ressources ordinaires de la consommation. Nous avons vu, d'ailleurs (§ 426), qu'on ne saurait accumuler indéfiniment les épargnes annuelles de matériel ligneux sans avoir à craindre le dépérissement des arbres conservés.

II. — Le fonds de réserve sera considérable; il s'alimentera, par exemple, chaque année, avec le quart de la possibilité (voir § 108) des forêts domaniales, c'est-à-dire avec environ 75,000 mètres cubes de gros bois (voir l'alinéa précédent). Mais alors, en le constituant, on risquera de priver de matières premières les industries qui ne consomment que des bois indigènes parce que les bois étrangers leur reviendraient trop cher ou ne répondraient pas au but proposé. Ajoutons que l'éventualité en vue de laquelle on aura créé ce fonds de réserve pourra ne pas se produire ou se produire lorsque le fonds de réserve aura été abattu comme dépérissant.

§ 428. — En définitive, la conception d'un fonds de réserve tel qu'il est défini au § 414 n'est pas applicable aux forêts domaniales. Si l'on veut employer la qualification de fonds de réserve à propos de ces forêts, c'est à leur ensemble qu'il faut l'étendre, plutôt que de la restreindre à une partie de leur matériel. Il résulte, en effet, de ce que nous avons dit au sujet du choix de l'exploitabilité (§§ 240-267) et du rapport soutenu (§§ 409-412) que le domaine boisé de l'État doit former une

---

(') Dont 4,000,000 mètres cubes de bois indigènes de toute provenance et 3,000,000 mètres cubes de bois étrangers.

véritable réserve de bois d'œuvre pour l'avenir. Tous les peuplements et tous les arbres épars susceptibles de fournir, un jour, de belles tronces de bois d'industrie doivent être soigneusement conservés jusqu'au terme extrême de leur maturité, de manière qu'à l'époque où les bois étrangers feront défaut on puisse les remplacer par la plus grande quantité possible de bois indigènes. Quant à la constitution de l'état normal (§§ 86-90), dans chaque forêt domaniale, c'est un desideratum de l'ordre spéculatif en vue duquel il ne faut point sacrifier les conditions d'exploitabilité, d'autant moins qu'en raison de l'étendue des forêts domaniales et de leur diversité une certaine gradation d'âges s'y établit forcément, sinon par forêt, du moins par bassins forestiers.

A cet égard, il y aurait avantage à s'inspirer en France des errements de l'administration bavaroise. Celle-ci réserve, pour les laisser croître en futaie jusqu'à l'âge de 200 ou 300 ans, toutes les chênaies d'avenir, quelle que soit leur situation par rapport aux peuplements voisins, pourvu qu'elles occupent une surface d'au moins deux ou trois hectares. De plus, des combinaisons d'ensemble qui embrassent d'immenses massifs (Spessart : 50,000 hectares ; Pfælzerwald : 100,000 hectares, etc.) tendent à remédier aux imperfections de la gradation des âges dans chacune de ces régions, en retardant ou en avançant d'une façon convenable l'époque de la régénération de certains groupes de peuplements. L'administration bavaroise cherche même à établir de pareilles compensations d'un bassin forestier à l'autre.

Mais, en parlant de cette façon grandiose de concevoir le fonds de réserve, nous touchons aux plus hautes questions de l'aménagement ; comme, d'autre part, ce n'est point au début d'un cours qu'on peut les traiter, nous nous en tiendrons là provisoirement.

§ 429. — Pour en revenir aux fonds de réserve proprement dits, tels qu'ils sont définis au § 414, ni l'Ordonnance de 1669, ni le Code de 1827 n'ont prescrit d'en instituer dans les forêts domaniales.

Pourtant le législateur de 1827 a supposé qu'on en créerait quelquefois, car, à l'article 16 du Code forestier, il est question, sous le titre :

« Bois de l'État », de « quarts en réserve ou de massifs réservés par l'aménagement pour croître en futaie », et où il ne pourra être fait de coupe « sans une ordonnance spéciale du roi ». L'article 71 de l'Ordonnance réglementaire mentionne aussi « des portions de bois (domaniaux) mis en réserve pour croître en futaie, et dont le terme d'exploitation n'aurait pas été fixé par l'ordonnance d'aménagement ».

Mais, en fait, il n'existe point de pareils massifs, au moins à notre connaissance, car ce serait par abus de langage qu'on rangerait dans cette catégorie des cantons tels que la « série artistique » de la forêt de Fontainebleau qui ont été réservés pour des motifs absolument étrangers à la production ligneuse.

§ 430. — Reste enfin à examiner l'objection que voici :

Sans doute, dira-t-on, l'établissement de fonds de réserve dans les bois de l'État paraît inutile lorsqu'on se place sur le terrain des principes comme nous venons de le faire. Mais les pouvoirs publics, sous quelque gouvernement que ce soit, ne se rendent pas toujours très bien compte du rôle des forêts domaniales ni de la manière dont il convient d'en utiliser les ressources. L'administration est donc sans cesse menacée de se voir imposer des *coupes extraordinaires* ou des *coupes par anticipation*, comme celles que vise l'article 71 de l'Ordonnance réglementaire. On en a d'ailleurs effectué à différentes époques, tout récemment encore, en 1872 et en 1886. Dès lors, pour que les aménagements en cours d'application ne soient point bouleversés, n'est-il pas prudent d'y introduire des fonds de réserve destinés à parer aux expédients budgétaires dont il s'agit ?

Cette objection n'est que spécieuse; le service public chargé de la défense des intérêts forestiers de l'État ne doit point adopter une mesure aussi grave que l'institution de fonds de réserve par pure condescendance envers des opinions erronées ; il doit plutôt chercher à rectifier ces dernières par les travaux scientifiques de ses membres et par la diffusion de l'enseignement sylvicole.

REUSS. 4

ARTICLE 3. — **Du quart en réserve dans les forêts communales.**

Historique. — § **431**. — La mise en réserve d'une partie des bois des communes et des corporations est très ancienne. Cette partie fut même portée, à deux reprises, au tiers de l'étendue totale des forêts, par des ordonnances de Charles IX (1561) et de Henri IV (1597). Il est vrai qu'une autre ordonnance de Charles IX (1573) l'avait déjà réduite au quart et qu'un édit de Henri III (1580) l'avait complètement supprimée. A cette époque, en effet, le régime forestier dépendait des caprices des rois.

L'Ordonnance de 1669 apporta enfin de la stabilité dans ce régime. Elle fixa la réserve au quart, tant pour les « bois appartenans aux ecclésiastiques et gens de main-morte » (art. 2, titre XXIV), que pour ceux des « communautés et habitans des paroisses » (art. 2, titre XXV).

Bases de la législation actuelle. — § **432**. — Le Code forestier de 1827 (art. 93) a maintenu cette disposition, mais en y introduisant deux exceptions.

La première concerne les bois d'une étendue de moins de 10 hectares. Elle s'explique par la considération des faibles ressources que fournissent des boqueteaux de si minime importance.

La deuxième exception est relative aux « bois peuplés totalement en arbres résineux. » Elle se justifie moins que la précédente. En effet, si l'on en juge par la discussion qui a eu lieu à la Chambre des députés, on constate qu'en 1827 les quarts en réserve faisaient défaut dans beaucoup de forêts communales peuplées de résineux et que le législateur a craint, en les rendant obligatoires, soit d'apporter une trop grande perturbation dans les habitudes des populations, soit même de prescrire une mesure inconciliable avec le mode de traitement en vigueur, c'est-à-dire avec le jardinage. Or, la première de ces craintes était fort exagérée et la seconde absolument vaine, car, ainsi que l'a fait remarquer

un député (M. Nicod de Ronchaud), « rien ne se concilie mieux que l'é-
tablissement des quarts en réserve et le mode d'exploitation des forêts
de sapins » ; et, en fait, il existait, en 1827, des quarts en réserve dans
presque toutes les sapinières communales de l'ancienne Franche-Comté.

Comme, d'autre part, l'éventualité de besoins extraordinaires n'est
pas moins plausible, ni, par suite, l'utilité des fonds de réserve moins
grande pour les populations montagnardes, propriétaires de forêts de
résineux, que pour les communes de la plaine, on est en droit de quali-
fier de regrettable l'exception introduite dans le Code à l'égard des premières.

Mais il est bien entendu, et cela a été déclaré expressément à la
Chambre, que si les quarts en réserve ne sont pas obligatoires dans les
forêts de résineux, ils peuvent être conservés ou créés à nouveau avec
le consentement des communes. Les aménagistes devront donc toujours
proposer d'en établir.

Mode de constitution. — § 433. — Si l'on s'en tenait rigoureusement
à la lettre du Code et aux dispositions insérées dans l'Ordonnance réglementaire (art. 137 et 140), il faudrait que les quarts en réserve fussent
tous établis à assiette fixe. Cette manière de les constituer est, en effet,
la seule que les législateurs de 1827 aient eue en vue, parce que c'est la
seule qui fût, à cette époque, connue des forestiers, ou, du moins, appliquée par eux. Mais, depuis lors, on a admis, avec raison, que l'établissement d'un fonds de réserve à assiette mobile, soit par volume, soit
par contenance, répondait à l'esprit de la loi.

Cette jurisprudence permet d'approprier la constitution des quarts en
réserve aux circonstances locales et, notamment, au mode de traitement
en vigueur dans chaque forêt, car nous avons déjà vu (§ 416) que les
différentes méthodes d'exploitation ne s'accommodent pas également
des trois systèmes suivant lesquels les fonds de réserve peuvent être
établis.

Échéances. — § 434. — Mais, quel que soit ce système, un quart en
réserve *ne doit jamais être complètement aménagé*, c'est-à-dire fournir à

époques fixes des produits dont la quotité soit déterminée à l'avance. Quand on en décide autrement, on s'écarte du but de l'institution et on risque de compromettre les intérêts de la commune propriétaire. Tel est aussi l'avis de M. Broïlliard.

Traitement des quarts en réserve à assiette fixe. — § **435.** — L'Ordonnance de 1669 portait que les quarts en réserve seraient « toujours en nature de fustaye » et installés « aux endroits les plus propres » à ce traitement, « dans les meilleurs fonds et lieux plus commodes » (art. 2, titre XXIV, et art 2, titre XXV). C'est qu'elle visait principalement la production des gros bois d'œuvre nécessaires à la marine royale.

Les auteurs du code actuel n'ont pas cru devoir maintenir cette prescription ; ils. ont trouvé excessif d'imposer aux communes forestières une sorte de servitude au nom de l'intérêt général de la nation, et, sans le dire expressément, ils ont laissé entendre que les quarts en réserve auraient pour unique objet de ménager des ressources aux municipalités en cas de besoins urgents et extraordinaires (Ordonnance réglementaire, art. 140).

Il résulte de là que les cantons réservés peuvent être traités en taillis sous futaie (Ordonnance réglementaire, art. 137). Néanmoins, dans la pensée du législateur, l'éducation des futaies dans les quarts en réserve était la condition essentielle de l'objet qu'il se proposait et la rédaction des articles 137 et 140 de l'Ordonnance réglementaire montre qu'en fait on comptait, en 1827, que les bois réservés seraient généralement coupés à un âge avancé, quand ils seraient arrivés à l'*état de futaie* ([1]). Par malheur il en a rarement été ainsi, à cause de la situation besoigneuse de la plupart des communes et de l'avidité de chaque génération.

([1]) Voir Baudrillart : *Commentaire du Code forestier*, 2ᵉ édition, tome 1, p. 189. Paris, Arthus-Bertrand, 1832.

DEUXIÈME PARTIE DU COURS

OPÉRATIONS PRÉLIMINAIRES

COMMUNES A TOUS LES AMÉNAGEMENTS

Prolégomènes.

§ 436. — Nous avons vu que le mot *aménagement*, outre son acception fondamentale (§ 1), en possède encore une autre : il désigne aussi *l'acte par lequel on réglemente l'exploitation d'une forêt déterminée* (§§ 7 et 8).

Maintenant que nous avons étudié les principes généraux qui doivent guider l'aménagiste dans son travail, nous allons nous baser sur cette seconde définition pour pénétrer plus avant dans la substance du cours et pour en traiter la partie vraiment technique (voir § 11).

En d'autres termes, nous supposerons avoir affaire à une grande masse boisée, à une vaste forêt résumant en elle seule la plupart des cas intéressants de la pratique courante, et nous décrirons successivement, dans leur ordre chronologique, les opérations que nécessiterait un pareil aménagement.

C'est là, en effet, ainsi que nous l'annoncions déjà au début (§ 11), la marche la plus didactique. C'est à peu près celle que suivrait d'instinct une personne avisée, désireuse de s'instruire dans l'art forestier, et qui, connaissant un agent chargé d'un travail d'aménagement de longue haleine, lui tiendrait compagnie pendant tout le temps qu'il consacrerait à cette besogne (').

§ 437. — Nous nous occuperons, en premier lieu, de certaines opérations préliminaires, sans lesquelles aucun règlement d'exploitation ne saurait être solidement établi et qui sont surtout imposées à l'aménagiste lorsqu'il se trouve en présence d'un grand massif où il n'a point encore pénétré. Nous admettrons, d'ailleurs, qu'il n'a aucune idée préconçue, pas plus en ce qui concerne le choix du régime et du mode de traitement qu'en ce qui regarde le choix de l'exploitabilité.

Ces notions formeront la *deuxième partie du cours*, qui se subdivisera en deux chapitres : l'un relatif à la reconnaissance générale de la forêt et au relevé des faits de toute nature qui intéressent son exploitation, l'autre se rapportant au choix de l'exploitabilité, du régime et du mode de traitement.

CHAPITRE Ier

RECONNAISSANCE GÉNÉRALE DE LA FORÊT

ET RELEVÉ DES FAITS QUI INTÉRESSENT SON EXPLOITATION

(Statistique générale.)

§ 438. — La première chose à entreprendre lorsqu'on est chargé

(¹) Il ne faut pas confondre le plan que nous venons d'esquisser avec celui qui repose sur l'hypothèse qu'on dresse un *procès-verbal d'aménagement* et qu'on en rédige l'un après l'autre les divers chapitres. En effet, dans la pratique, un pareil document est toujours établi après coup, lorsque la période d'élaboration et de discussion est terminée ; dès lors, il ne retrace pas nécessairement dans leur ordre chronologique et rationnel toutes les phases du travail auquel l'auteur s'est livré sur le terrain et au cabinet.

La *rédaction* des projets d'aménagement ne sera étudiée par nous que, plus tard, à la fin du cours (voir § 11).

d'aménager une forêt, c'est de relever un assez grand nombre de faits qu'il faut absolument connaître pour déterminer l'exploitabilité et le mode de traitement à y adopter.

Les faits dont il s'agit se groupent sous deux chefs : *faits culturaux* et *faits économiques*. Le relevé des uns et des autres s'opère à l'aide d'une reconnaissance générale du terrain et au moyen de recherches pratiquées dans les dépôts d'archives et dans les livres ; quelquefois, aussi, les questions posées aux gens du pays ne sont pas un secours à dédaigner. — La reconnaissance du terrain éclaire l'aménagiste principalement sur les faits culturaux ; les personnes et les documents consultés le renseignent surtout sur les faits économiques.

Nous allons d'abord décrire la façon matérielle de procéder à la reconnaissance de la forêt et de ses alentours. Nous indiquerons ensuite sur quels faits capitaux doit porter l'enquête entière.

Annonçons tout de suite que les résultats de cette enquête seront consignés plus tard, en tête du *cahier d'aménagement*, sous la rubrique : *Statistique générale* (voir § 456).

ARTICLE 1er. — Reconnaissance générale. — Manière d'y procéder.

§ 439. — La reconnaissance du terrain a pour but principal de permettre à l'aménagiste de se rendre compte de la constitution de la forêt au point de vue physique et cultural.

Il ne s'agit pas encore d'examiner la propriété dans tous ses recoins, ni d'étudier un à un les divers peuplements homogènes qui la composent et dont la réunion forme souvent un tout si complexe et si varié. Cette analyse, qui porte le nom de *parcellaire*, ne s'exécutera que plus tard, lorsque la constitution générale du massif boisé, les ressources qu'il présente, le rôle économique qu'il est destiné à jouer, seront déjà connus et qu'on aura pu fixer les bases de l'aménagement projeté, notamment le mode de traitement à appliquer (¹).

Du reste, il ne s'agit pas non plus de parcourir la forêt à la hâte, sous l'empire d'idées préconçues, et de vérifier, par pur acquit de conscience, si les faits que l'on constate dans cette visite rapide ne sont pas trop en contradiction avec les théories sylvicoles dont on est imbu.

L'aménagiste doit se livrer à une reconnaissance sérieuse et approfondie qui lui permettra de prononcer un diagnostic certain sur le régime cultural et l'exploitabilité à adopter.

Plan périmétral. — § **440.** — Pour effectuer cette reconnaissance, il faut, tout d'abord, posséder un plan topographique de la forêt à aménager, c'est-à-dire une figure semblable à sa projection horizontale et qui, de plus, indique le relief du terrain soit à l'aide des courbes de niveau, soit au moyen de hachures. Quand on n'est point muni de ce document on est mal fixé sur la configuration générale du domaine à parcourir, sur la position relative de ses différents cantons ou lieuxdits et sur le chemin à suivre pour aller de l'un à l'autre.

Le plan dont il s'agit, nous l'appellerons. avec M. Broilliard, *plan périmétral*, parce qu'il doit représenter essentiellement le périmètre et accessoirement les grandes lignes naturelles ou artificielles qui se rencontrent à l'intérieur ou aux abords de la forêt : les cours d'eau, les dépressions profondes, les crêtes, les voies de communication importantes, etc.

Il doit être dressé à une échelle assez grande pour que les détails que nous venons de mentionner soient nettement visibles. D'autre part cette échelle doit être suffisamment petite pour que le plan tienne tout entier sur une seule feuille de papier et qu'une personne debout puisse le déployer sans peine. L'expérience a montré que c'est l'échelle de $\frac{1}{10\,000}$

(¹) Remarquons, en effet, que les auteurs, pour qui le parcellaire est l'opération primordiale de tout aménagement, indiquent eux-mêmes des manières différentes d'y procéder, suivant le mode de traitement auquel la forêt considérée est soumise ou destinée à être soumise.

qui est *généralement* la plus convenable : elle n'est pas trop réduite, car un hectare, l'unité de surface forestière par excellence, y correspond à un carré de 5 millimètres de côté ; elle n'est pas non plus, d'ordinaire, trop grande, car il est rare qu'une forêt à aménager ait plus de dix kilomètres dans le sens de sa longueur maxima ; on peut donc, presque toujours, la représenter, à l'échelle de $\frac{1}{20000}$, sur une feuille de $0^m,50$ à $0^m,60$ de côté ; or, une feuille de cette dimension se manie facilement.

Pour les *petites forêts,* c'est-à-dire pour celles qui tiendraient, à l'échelle de $\frac{1}{20000}$, sur une feuille de 2 décimètres de côté seulement, on devra, bien entendu, adopter une échelle plus grande, par exemple celle de $\frac{1}{10000}$. Pour les *grands massifs* tels que ceux de Retz, de Compiègne, de Fontainebleau, on prendra, au contraire, une échelle moindre.

Il n'est pas nécessaire que le plan périmétral soit d'une exactitude rigoureuse, puisqu'il n'est destiné à servir ni à la fixation des limites de la propriété boisée, ni au calcul de sa contenance : on peut donc y tolérer toutes les imperfections autres que celles qui tromperaient l'aménagiste sur la situation relative des points remarquables du terrain et nuiraient de la sorte à l'étude de la forêt.

§ 441. — En ce qui concerne les bois soumis au régime forestier, on trouve souvent, dans les bureaux des inspecteurs ou des conservateurs, des plans répondant au but proposé. Si les plans existants sont à une trop grande échelle, on les réduira dans la mesure convenable, à l'aide d'un pantographe, par exemple. S'ils sont à une échelle trop petite, on a généralement la ressource de les amplifier par le même procédé, car le rôle que joue le plan périmétral peut rendre licite une opération, que la topographie condamne en principe.

Lorsqu'il n'existe pas, dans les archives du service forestier, de carte dont on puisse tirer parti, on a recours aux plans cadastraux. Mais ceux-ci sont loin d'être toujours utilisables ; ils sont quelquefois informes ; d'autres fois les détails nécessaires y font défaut. Tel est souvent le cas pour les documents qui datent du premier tiers de ce siècle.

Quand, enfin, le cadastre ne sera d'aucun secours, il faudra que l'aménagiste entreprenne lui-même le levé de la forêt. Pour les raisons indiquées plus haut (§ 440), il se contentera d'un procédé expéditif et n'exécutera, par exemple, que des cheminements à la boussole-éclimètre, dans des cas où, régulièrement, il devrait établir un canevas trigonométrique.

§ 442. — On effectue souvent, *à l'occasion* de l'aménagement d'une forêt, des levés qui ont pour objet soit de faire connaître la figure et la contenance exactes de celle-ci, soit d'en fixer définitivement les limites. Ces opérations sont rarement indispensables au point de vue de l'aménagement, même lorsque la réglementation des coupes doit reposer uniquement sur la contenance. En effet, les surfaces exploitées peuvent varier d'une année à l'autre dans une proportion parfois assez notable, sans que la condition du rapport soutenu soit violée. — Aussi n'avons-nous point à parler ici des travaux complémentaires dont il s'agit.

Emploi du plan périmétral. — § 443. — Muni du plan périmétral, l'aménagiste parcourt la forêt dans ses principales directions, en choisissant de préférence les *chemins étroits* et les *sentiers* qui, grâce à l'absence de sous-bois sur leurs bords, permettent à la vue de pénétrer à droite et à gauche dans l'intérieur des massifs.

Il gravit les éminences d'où il découvre le relief général du terrain.

Enfin il pousse des pointes en rase campagne pour savoir quels moyens de communication existent entre la forêt et ses débouchés immédiats.

ARTICLE 2. — **Faits sur lesquels porte l'enquête.**

(Objet de la statistique générale.)

I. — FAITS CULTURAUX. — § 444. — En se livrant, sur le terrain, à la reconnaissance que nous venons de décrire et en utilisant les autres sources d'information mentionnées au § 438, l'aménagiste relève tout d'abord les faits qui se rapportent aux éléments de production de la forêt, c'est-à-dire *à la situation et au climat, au sol et aux peuplements*.

Ces trois groupes de facteurs ont une importance considérable qui nécessitera même un peu plus tard une étude spéciale réalisée à l'aide du parcellaire (voir § 439).

1° *Situation et climat*. — § 445. — L'opérateur commence par se rendre compte de la *situation topographique* de la forêt et par rechercher l'altitude et le relief du terrain qu'elle occupe. En ce qui concerne le relief, il s'attache avant tout à déterminer l'exposition générale du massif. C'est là, en effet, un facteur qui exerce une grande influence sur la fertilité des versants et sur la végétation qu'on y rencontre. Il note ensuite les sources, rivières, lacs, étangs, marais que renferme le domaine ou que présente son pourtour. Enfin il relève les abris qui peuvent protéger soit la forêt entière, soit seulement certains cantons, contre les agents météoriques.

Cela fait, l'aménagiste s'enquiert des *particularités du climat local* qui ne résultent pas *ipso facto* de la situation.

Ainsi il se renseigne sur la température des localités considérées. Il ne se contente pas, d'ailleurs, de rechercher les températures maxima, minima et moyenne de l'année. Il se demande, en outre, comment la chaleur se répartit entre les différentes saisons sous le rapport de la durée et de l'intensité, et il s'assure si, dans une même saison, il y a ou il n'y a pas de fréquentes alternatives de chaud et de froid. La question des gelées printanières et automnales appelle spécialement son attention.

Le *degré d'humidité de l'atmosphère* ne le préoccupe pas moins. La quantité d'eau qui tombe par année ou par saison, sous forme de pluie ou de neige, ne constitue pas un renseignement suffisant. Il faut voir si les périodes de pluie ou de sécheresse sont longues et accentuées ou courtes et peu accusées, si la neige est sèche ou humide, etc. Toutes ces circonstances influent, en effet, sur la végétation non seulement des jeunes plants, mais même des sujets adultes.

Enfin l'aménagiste étudie avec soin la direction et l'intensité des *vents prédominants* de la région. Suivant les résultats auxquels aboutira son enquête, il pourra être conduit à imprimer aux coupes telle marche plutôt que telle autre, voire à adopter ou à exclure certains modes de traitement. Ainsi, en montagne, il aura souvent à opter, à ce point de vue, entre le mode des éclaircies et celui du jardinage. Les chablis lui fourniront de précieuses indications dans cet ordre d'idées.

§ 446. — Nous avons supposé jusqu'à présent que le climat était uniforme sur toute l'étendue de la forêt considérée. Mais il peut aussi présenter des différences notables d'un groupe de cantons à un autre. Un grand massif demandera, par exemple, à être divisé, au point de vue du climat, en deux ou trois zones correspondant à un plateau et à des versants.

On sera, d'ailleurs, généralement averti du manque d'uniformité du climat par l'aspect des peuplements : les essences seront autres ou autrement mélangées ; la croissance et le port des arbres seront dissemblables, etc.

§ 447. — Nous n'avons point parlé de la *situation géographique* de la forêt, c'est-à-dire de sa position en longitude et en latitude et de son emplacement par rapport aux divisions physiques et politiques du globe. Nous ne nous sommes pas non plus préoccupés, dès lors, de son *climat géographique*, c'est-à-dire de l'état de l'atmosphère dans les zones ou divisions dont il s'agit. Nous supposons, en effet, que l'aménagiste, grâce à son instruction générale, possède toujours à cet égard des notions suffisantes ; il n'a donc plus qu'à les compléter par des données sur la *situation topographique* et sur le *climat local*.

Quant à la *situation administrative* de la forêt, c'est-à-dire à l'indication des circonscriptions forestières auxquelles elle ressortit, c'est également un point connu à l'avance ; il a, du reste, fort peu de rapport avec les mesures à prendre.

Néanmoins ces renseignements devront figurer dans la statistique générale, qui sera lue par d'autres personnes que l'aménagiste lui-même et qui constituera un document historique (voir § 456).

2° *Sol*. — § **448**. — Le sol vient en second lieu dans l'étude des éléments de production. On recherche la formation géologique à laquelle il appartient ; on observe sa composition minéralogique, ses propriétés physiques, son état superficiel, sa fertilité, etc. *Tout cela, bien entendu, sans entrer dans les détails* (voir § 439).

Ce qu'il importe surtout d'étudier, c'est l'influence qu'exerce le sol sur la composition et la croissance des peuplements ; ce sont les propriétés du sol que répercutent directement le *facies* de la forêt ou la qualité des produits. Seuls, il est vrai, les praticiens éclairés savent mettre le doigt sur ces points fondamentaux.

3° *Peuplements*. — § **449**. — Les peuplements sont, en définitive, le facteur direct, l'élément principal de la production et l'on n'étudie les deux autres que pour arriver à mieux connaître celui-ci. Aussi, sans qu'il soit déjà nécessaire d'examiner les peuplements en détail (voir § 439), faut-il leur accorder, dès maintenant, une attention toute particulière.

On les envisage dans leur ensemble, ou par grandes masses, et on se pénètre de leur physionomie et de leur constitution générale, de manière à pouvoir diagnostiquer sûrement le mode d'exploitation qui leur convient. A cet effet, on tâche de discerner les résultats culturaux, bons ou mauvais, qu'ont donnés les traitements antérieurs. Les recherches historiques de ce genre sont toujours très instructives, en raison de l'âge parfois si avancé des peuplements et de la solidarité qui existe entre les divers massifs qui se succèdent sur un même point.

On examinera par la même occasion comment végètent les principales essences de la forêt et comment elles sont réparties sur le terrain.

On se demande, enfin, s'il n'y a pas lieu de favoriser la propagation d'une essence actuellement subordonnée ou disparue.

Ici encore le forestier aura à faire appel à son expérience locale et à son bon sens.

II. — Faits économiques. — § 450. — La liste des faits culturaux qui viennent d'être énumérés est comme un inventaire des forces productives de la forêt. Elle apprend ce qu'on *peut* en retirer. Les renseignements dont il nous reste à parler montrent ce que l'on *doit* chercher à en obtenir.

En effet, l'aménagiste qui n'aurait réuni que ces premières données ressemblerait, suivant une heureuse comparaison de M. Broilliard, à un homme qui, voulant entreprendre une exploitation agricole, se serait simplement préoccupé de l'étendue et de la qualité des terres de sa ferme, de la nature et du degré de conservation des bâtiments, de l'importance du capital mobilier, mais qui ignorerait le genre de récoltes qu'il a intérêt à produire en raison des débouchés existants, des bras disponibles, des salaires à payer, des prix des denrées, etc.

Il est donc indispensable que des renseignements de l'ordre économique complètent la première partie de l'enquête.

§ 451. — On examinera tout d'abord la nature des droits du propriétaire de la forêt. Aujourd'hui, en France, ces droits ne sont généralement limités que par l'interdiction de défricher et il est rare que les populations riveraines des forêts puissent y prétendre à certains fruits : les droits d'usage dont les forêts domaniales, notamment, étaient jadis grevées ont presque tous été cantonnés vers 1860.

A l'étranger, surtout dans les pays où il reste des vestiges des institutions féodales, les droits d'usage sont, au contraire, une chose fréquente, et la situation des propriétaires est très variable. Quelquefois même, comme c'est le cas en Suisse dans la « *zone fédérale* », la loi s'ingère, au nom de l'intérêt public, dans le mode d'exploitation des bois appartenant à des particuliers.

Quoi qu'il en soit, on comprend tout de suite la nécessité pour l'aménagiste d'être fixé sur les questions de cette nature.

§ 452. — Il est également tenu de connaître à fond les besoins du bassin de consommation dans lequel il opère. Il doit savoir quelles sont les marchandises réclamées actuellement par les populations riveraines pour leur propre usage, par les adjudicataires de coupes pour les industries dont ils sont les pourvoyeurs. Il doit prévoir, autant que possible, les modifications que l'état du marché subira dans l'avenir par suite du développement des relations commerciales.

Dans le même ordre d'idées, il se rendra compte des moyens de transport existants ou à créer tant à l'extérieur qu'à l'intérieur de la forêt considérée, et il recherchera si le propriétaire n'a point intérêt à établir lui-même des scieries ou d'autres usines à débiter le bois.

§ 453. — Mais, pour faire un bon aménagement, il ne suffit pas, nous le savons, de tourner les yeux vers l'avenir; il faut aussi jeter un regard en arrière, et rechercher l'influence que le traitement passé a exercée sur la nature des produits, leur quantité, leur valeur. On étudiera donc, au point de vue économique, l'histoire de la forêt dont nous avons déjà recommandé de ne pas négliger le côté cultural (§ 449).

Les relevés relatifs au rendement en matière et en argent devront embrasser une période de temps aussi longue que possible.

Des relevés analogues auront pour objet les dépenses effectuées dans la forêt en travaux de toute espèce.

§ 454. — On s'enquerra ensuite du degré de fréquence et de gravité des délits forestiers commis dans la région et l'on s'assurera si les incendies sont à craindre et de quelle façon on peut en circonscrire les ravages. On sait, en effet, qu'il y a des contrées (landes de Gascogne, Maures et Estérel, Algérie, Inde anglaise, etc.), où l'exploitation des forêts repose tout entière sur les mesures à prendre pour éviter ce fléau.

§ 455. — Enfin l'agent chargé d'un aménagement réunira un certain nombre de *menus renseignements statistiques* dont les uns faciliteront, comme les précédents, le choix du mode de traitement et de l'exploitabilité, ainsi que le calcul du terme de cette dernière, tandis que les autres permettront d'évaluer le coût approximatif des travaux d'amélioration projetés. Voici les principaux *item* à signaler :

1º Qualité du bois des différentes essences ; — marchandises fabriquées ; prix de ces marchandises ; rendement du mètre cube en produits façonnés ; valeur du mètre cube *sur pied ;*

2º Montant des frais de garde et de gestion et des impôts ; taux des placements fonciers dans la localité ;

3º Prix de la journée d'ouvrier ; idem, de voiturier ; coût des travaux effectués à la tâche, notamment des travaux de repeuplement artificiel.

III. — RÉCAPITULATION. — STATISTIQUE GÉNÉRALE. — § 456. — Les faits culturaux et économiques que nous venons d'énumérer, l'aménagiste les récapitule afin d'en dégager les conclusions qu'ils comportent.

A moins qu'il n'ait affaire à une forêt de très petite étendue et de constitution très simple, il effectue forcément cette récapitulation *par écrit*, suivant un plan méthodique. D'ailleurs, quand il opère pour le compte d'une administration, il est tenu de soumettre à l'examen de ses chefs les éléments d'appréciation qu'il a recueillis. C'est là un second motif pour lui de consigner sur le papier les résultats de son enquête.

La récapitulation dont il s'agit, dûment remaniée s'il y a lieu, sera placée sous le nom de *Statistique générale de la forêt*, en tête du procès-verbal d'aménagement.

CHAPITRE II

CHOIX DE L'EXPLOITABILITÉ, DU RÉGIME
ET DU MODE DE TRAITEMENT

ARTICLE 1er. — Généralités.

§ 457. — Une fois muni des renseignements qui précèdent, le forestier peut conclure en connaissance de cause à l'exploitabilité, au régime et au mode de traitement à adopter. Il le peut, du moins, si, à côté de cela il a reçu une instruction professionnelle complète et s'il est au courant de toutes les questions que nous avons traitées dans la première partie du cours.

§ 458. — En ce qui touche l'*exploitabilité*, nous n'avons rien à ajouter à la conclusion du Chapitre I du Livre II (§§ 229-276). L'exploitabilité est, d'ordinaire, décidée à l'avance, d'après la nature du propriétaire, sans que la visite des lieux amène un revirement d'opinion à cet égard. La décision primitive n'est modifiée que dans des cas exceptionnels : par exemple lorsque l'enquête apprend que certains droits d'usage imposent l'obligation de produire des bois d'une grosseur donnée ou que soit le sol, soit les essences qui le peuplent, ne permettent pas d'atteindre le but qu'on s'était proposé tout d'abord. Ainsi on renoncera à appliquer l'exploitabilité économique dans une forêt domaniale où le sous-sol, constitué par une roche compacte, serait tellement à fleur de terre que les arbres ne pourraient y acquérir de grandes dimensions, même à un âge très avancé. De même des massifs de chêne kermès, aptes seulement à donner des écorces à tan, n'admettraient pas non plus tous les genres d'exploitabilité (voir § 267).

§ 459. — Au contraire, le choix du *régime* et des *modes de traitement* dépend *toujours dans une large mesure* des circonstances locales. C'est, du reste, ce que nous avons déjà dit à propos du parallèle classique (§§ 277 à 388). Il faut donc peser avec soin tous les faits recueillis, avant de prendre un parti décisif.

En somme, la ligne de conduite la plus sage à tenir, quand on veut faire choix d'un régime ou d'un mode de traitement pour une forêt donnée, c'est, suivant la recommandation de M. Broilliard, d'examiner les résultats culturaux et économiques qu'a produits le traitement antérieur.

S'ils sont bons, comme on n'est pas sûr d'obtenir mieux, il y a déjà là une présomption grave en faveur de la méthode actuellement appliquée ;

S'ils sont mauvais, on aurait tort de toujours en conclure qu'un changement radical est nécessaire, car les effets constatés peuvent être dûs, non pas au régime, ni même au mode de traitement actuels envisagé dans leurs caractères distinctifs, mais seulement à la façon défectueuse dont l'un ou l'autre a été appliqué, par exemple à une mauvaise exécution des coupes de régénération. Rappelons-nous que, tout en respectant les traits essentiels de l'ancien système d'exploitation, on arrive, par de meilleures opérations culturales et des perfectionnements de détail, à renouveler la face d'une forêt et augmenter son rendement dans une proportion très sensible (§§ 363-380).

Cette marche prudente est d'autant plus à conseiller que le succès d'une *conversion* (§ 82) ou d'une *transformation* (§ 83) tient à certaines circonstances favorables sans lesquelles les avantages théoriques de ces mesures restent illusoires.

§ 460. — Occupons-nous d'abord des conversions, et prenons le cas le plus intéressant, celui de la conversion d'un taillis composé en une forêt *traitée en futaie* (§ 82). Pour mener à bonne fin une œuvre de ce genre, il y a lieu, disait encore M. Broilliard, de considérer : le *matériel sur pied*, le *personnel de gestion* et les *habitudes locales*.

Le matériel sur pied, ou capital d'exploitation, doit être suffisant au double point de vue cultural et économique. Au point de vue cultural, il faut, pour créer, par la voie naturelle, de jeunes peuplements de semence, posséder, sur une étendue notable de la forêt, de vieux taillis riches en arbres de réserve. Au point de vue économique ou financier, la considération du matériel ligneux n'a pas moins d'importance, car, si le capital ligneux effectif du taillis sous futaie à convertir est inférieur au capital normal de la future forêt traitée en futaie (et c'est le cas habituel), il faut constituer une épargne, et, par conséquent, priver le propriétaire, plus ou moins longtemps, d'une partie de son revenu. Or certains propriétaires, notamment les communes, parfois même l'État, ne se résignent pas toujours volontiers à une réduction de ce genre (¹).

_____

(¹) Nous renvoyons, à ce sujet, au Livre VI de la troisième partie du cours. On objectera, peut-être,

Le personnel de gestion doit aussi être envisagé. Un changement de régime est, en effet, une entreprise laborieuse et délicate : la valeur technique des forestiers qui en sont chargés n'est donc point indifférente, non plus que leur zèle ou le degré de leurs forces. Dès lors il serait imprudent de proposer une conversion là où le personnel ne serait pas assez expérimenté ou assez nombreux.

Enfin l'usage des localités doit également peser dans la balance, *au moins à l'égard des communes,* dont il convient de ne pas trop violenter les habitudes. Ainsi, dans presque toute la France, les populations ne connaissent, pour les forêts communales de bois feuillus, que le traitement en taillis sous futaie, qui est, du reste, appliqué parfois d'une façon très satisfaisante ; un aménagiste risque donc, en voulant effectuer la conversion d'une de ces forêts, de se heurter contre une tradition respectable. D'ailleurs, quand un mode de traitement est pratiqué depuis des siècles dans une région et *qu'il y a maintenu les forêts en assez bon état,* on a de sérieux motifs pour croire qu'il est justifié (voir § 459) et on ne doit lui substituer une autre méthode que si les avantages de celle-ci sont surabondamment démontrés. Or nous savons (voir §§ 361-387) que la supériorité du régime de la futaie sur celui du taillis composé n'est pas absolue et dépend d'une foule de circonstances.

§ 461. — Ce que nous venons de dire des conversions s'applique aussi aux transformations, mais dans une mesure moindre, parce que le passage d'un mode de traitement à l'autre, dans le sein d'un même régime,

---

que le cas où le matériel sur pied est insuffisant a été prévu dans la théorie nouvelle des conversions et que, d'après le procédé de conversion actuellement en vigueur, on laisse précisément vieillir une portion convenable des taillis avant de les régénérer par la semence, de façon à augmenter progressivement le matériel ligneux. Sans doute, les desiderata énoncés sont ainsi réalisés, mais le fait d'avoir imaginé la méthode dont il s'agit prouve justement l'exactitude de ce que nous avancions, à savoir la nécessité de tenir compte des ressources de la forêt en matériel ligneux pour opérer une conversion ; car la *conversion proprement dite* ne commence qu'à partir du jour où l'on régénère certains peuplements par la semence ; jusque-là elle reste en suspens et l'on passe par une *période préparatoire à la conversion.*

amène, *en général*, moins de changements que l'application d'un régime nouveau. Cela ressort de la définition même des termes.

ARTICLE 2. — Formation de sections.

§ **462**. — Nous avons supposé jusqu'à présent que la forêt à aménager devait être soumise tout entière à la même exploitabilité, au même régime et au même mode de traitement. Or il peut arriver qu'il n'en soit point ainsi et qu'il y ait lieu de diviser un grand massif boisé en un certain nombre de parties correspondant soit à différents régimes ou modes de traitement, soit à différentes exploitabilités. De là ce qu'on appelle en aménagement les *sections*.

Une *section* est donc une *fraction importante de forêt soumise soit à une exploitabilité, soit à un régime ou à un mode de traitement spécial.*

§ **463**. — Il est rare qu'on ait à appliquer deux exploitabilités dans un même domaine boisé, précisément parce que le choix de l'exploitation dépend plutôt de la nature du propriétaire que de la constitution de la forêt (§ 458). D'ailleurs deux exploitabilités distinctes entraînent, en général, deux régimes ou deux modes de traitement différents, de sorte que le cas qui nous occupe se ramène presque toujours à celui que nous allons examiner tout à l'heure.

Pourtant on conçoit que la première hypothèse se réalise quelquefois.

Ainsi on peut imaginer qu'une société industrielle, propriétaire d'une vaste forêt de bois résineux, veuille, dans les cantons fertiles, obtenir une rente forestière élevée (§ 119), tandis que les autres cantons, situés sur un sol de moins bonne qualité, seront destinés à produire de menus bois d'œuvre, tels que des perches à mine ou des billons pour faire de la pâte à papier. Dans ces conditions, la compagnie propriétaire traitera toute sa forêt en futaie par le mode des éclaircies, mais elle appliquera, dans le premier groupe de peuplements, l'exploitabilité relative à la plus grande rente forestière (§§ 175 à 188) ou l'exploitabilité économique (§§ 161 à 174 et 231), dans le second l'une des variétés de l'exploitabilité technique (§§ 157 à 160). Il y aura donc bien alors deux sections fondées uniquement sur des différences d'exploitabilité. L'une sera, par exemple, exploitée à la révolution de 150 ans, l'autre à celle de 80 ans.

§ 464. — C'est principalement en vue de l'application de régimes ou de modes de traitement différents qu'il peut y avoir lieu de diviser une forêt en sections. Voici quelques exemples d'un sectionnement basé sur des différences de régime.

1° Une portion de forêt domaniale est peuplée de bois feuillus ; dans l'autre les résineux dominent : cette dernière sera nécessairement traitée en futaie, tandis que la première pourra être exploitée en taillis composé ;

2° La forêt à aménager présente des parties élevées de tout temps en futaie et d'autres converties depuis quelques siècles en taillis composé ; on peut juger convenable de maintenir indéfiniment cette distinction (forêt de Retz) ;

3° Une forêt a été exploitée jusqu'à présent en taillis composé sur toute son étendue, mais on pense que la conversion en futaie pleine y sera avantageuse, sauf dans certains cantons où le sol est trop superficiel : de là deux sections, l'une en conversion, l'autre en taillis composé permanent (forêt de Haye).

§ 465. — Il ne manque pas non plus d'exemples de forêts soumises tout entières au même régime mais partagées en sections en vue de l'application de diverses modalités de ce régime.

Soit une forêt à exploiter en futaie pleine qui occupe à la fois un versant abrité et une crête battue par les vents ; on y formera deux sections s'il convient de faire du jardinage dans le haut, des coupes localisées (§ 58) dans le bas (forêt d'Ormont).

Inversement, lorsqu'un flanc de montagne, escarpé et rocailleux, ne se prêtant pas à la végétation par coupes localisées, sera couronné par un plateau fertile et peu exposé aux agents météoriques, on jardinera sur le versant et l'on élèvera des massifs d'un seul âge sur le plateau (forêt de la Haute-Meurthe).

L'aménagiste a souvent lieu d'établir des sections jardinées en montagne.

§ 466. — Enfin il arrive quelquefois qu'une grande forêt présente des sections qui se différencient les unes par le régime, les autres par le mode de traitement appliqué. Nous citerons comme exemple la forêt de Fontainebleau où l'on trouve : 1° une section traitée en futaie, mais sans exploitations régulières (série artistique) ; 2° une section traitée en futaie par le mode des éclaircies ; 3° une section traitée en taillis (anciens tirés).

On pourrait parler à ce propos de *sections* et de *sous-sections* ; mais cette distinction n'offrirait aucun intérêt pratique, la conception des régimes n'étant qu'une manière plus ou moins artificielle de grouper les modes de traitement.

Les fonds de réserve à assiette fixe (§ 415) sont assimilables à des sections lorsqu'ils sont soumis à un autre mode de traitement que le restant de la forêt.

§ 467. — La qualification de section ne se donne qu'à une *fraction notable* de la forêt considérée (voir § 462). Ainsi une bande étroite de terrain boisé, qui serait réservée le long d'un important massif, à titre de lisière de protection, et qui ne fournirait que des produits intermittents et minimes, ne constituerait pas une section proprement dite.

Par contre, une section n'est point nécessairement d'une seule pièce, et il y a des exemples de sections morcelées (forêts de Haye, de Retz). Mais chaque fragment de section doit, autant que possible, être assez étendue pour constituer ce que l'on appelle une « *série d'exploitation* » (voir, plus loin, la 3ᵉ partie du cours, Livre I).

§ 468. — A côté du sens spécial qu'il a pris en aménagement, le mot section a conservé, dans le langage forestier, ses acceptions vulgaires.

Ainsi, quand une forêt comprend deux parties peuplées, l'une de bois feuillus, l'autre de résineux, on appelle quelquefois la première *section des feuillus*, la seconde *section des résineux*, lors même qu'un seul mode de traitement leur est appliqué. — On emploie aussi le terme de section pour désigner deux portions de forêt ayant des situations topographiques différentes, et l'on dit, par exemple : la *section de plaine* et la *section de montagne*.

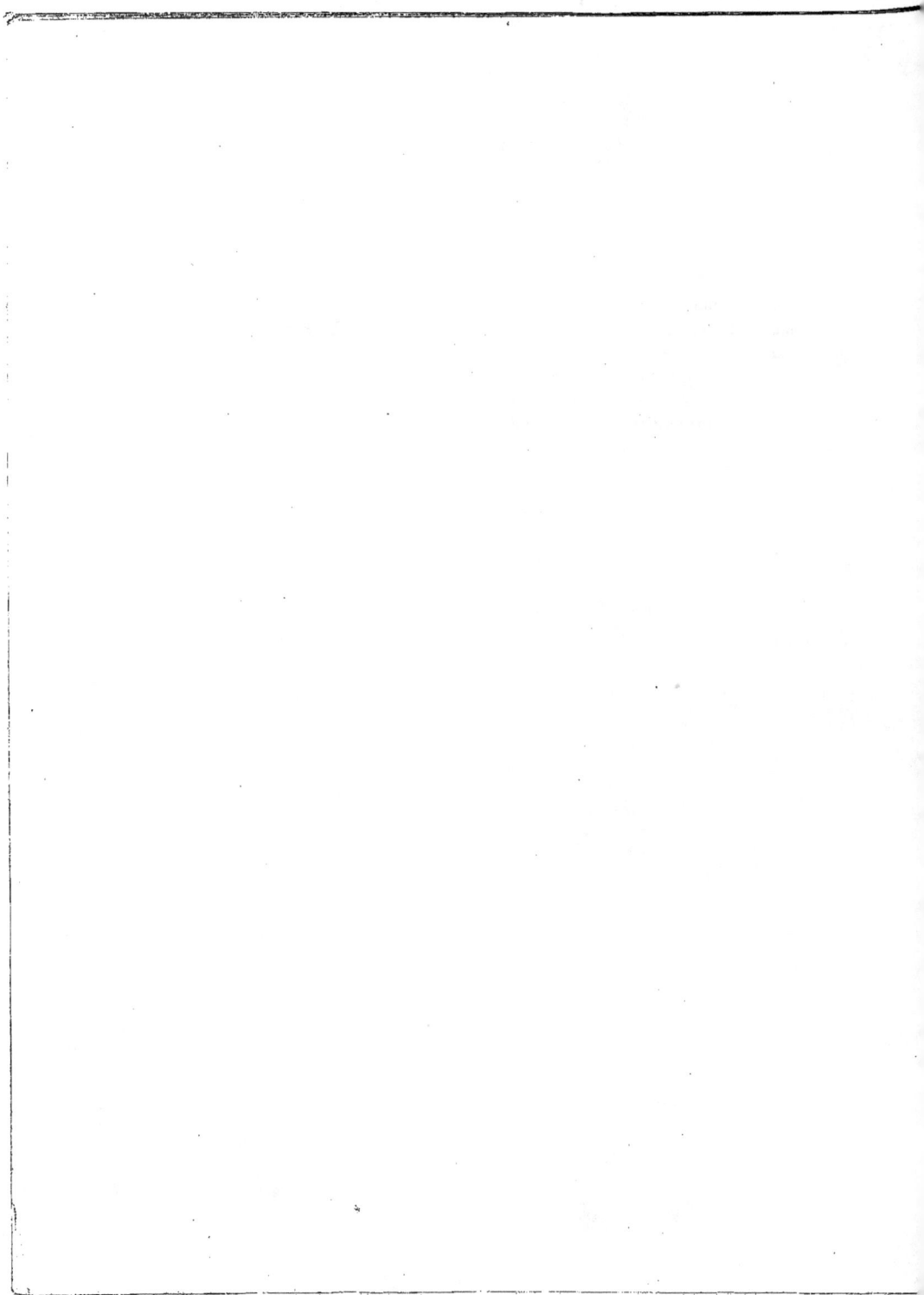

TABLE MÉTHODIQUE DES MATIÈRES

CONTENUES DANS LE SECOND CAHIER

NANCY. — Imprimerie Nancéienne, 1, rue de la Pépinière. — Directeur : PIERSON.

www.ingramcontent.com/pod-product-compliance
Lightning Source LLC
Chambersburg PA
CBHW070841210326

41520CB00011B/2302